# Schön, dass wir uns kennen lernen

**Ich bin Maxi Maus und helfe dir beim Lernen.**

Und wie heißt du?

Zusammen wiederholen wir, was du in der Schule gelernt hast. Die vielen abwechslungsreichen Übungen machen dir bestimmt Spaß!
Am Ende des Heftes bist du dann sicher fit für einen kleinen Test.

Du findest auf jeder Doppelseite eine kleine Überraschung in den roten Dreiecken.
Auf Seite 32 erfährst du, was du damit machen kannst.

In diesem Heft gibt es Zeichen mit festgelegten Bedeutungen:

*Regel, unbedingt lernen!*

*Hier gebe ich dir wichtige Tipps.*

Lege ein leeres Heft bereit, in dem du die Aufgaben rechnen und Zeichnungen machen kannst.
Viel Spaß und Erfolg!

**Dein Maxi Maus**

**So kannst du auch sagen**

| | | |
|---|---|---|
| addieren | — | zusammenzählen |
| subtrahieren | — | abziehen |
| multiplizieren | — | malnehmen |
| dividieren | — | teilen |

# Auf einen Blick

Textaufgaben sind Rechenaufgaben, die in Textform dargestellt werden.
Alle Angaben, die du brauchst, um die Aufgabe zu lösen, sind im Text versteckt.
Lies die Textaufgabe ganz genau durch, bevor du anfängst zu rechnen. Vielleicht hilft es dir auch, eine Zeichnung von der Aufgabe zu machen.

Textaufgaben kannst du leichter lösen, wenn du bei jeder Aufgabe folgende Fragen benutzt:

1. **Was will ich wissen?** Unterstreiche in Rot.
2. **Was weiß ich schon?** Unterstreiche in Blau.
3. **Kann mir eine Zeichnung helfen?**
4. **Wie muss ich rechnen?**
5. **Wie heißt die Antwort?**

Beispiel:
Jan kauft auf dem Markt 450 g Äpfel.
Insgesamt soll er 700 g Obst kaufen.
Rechne aus, wie viel g noch fehlen.

1. **Was will ich wissen?** Wie viel g fehlen noch?
2. **Was weiß ich?** Jan hat schon 450 g Äpfel gekauft. Insgesamt braucht er 700 g Obst.
3. **Kann mir eine Zeichnung helfen?**

4. **Wie muss ich rechnen?** 700 g – 450 g = 250 g
5. **Wie heißt die Antwort?** Es fehlen noch 250 g Obst.

## Längen (Einheiten)

| | |
|---|---|
| mm = Millimeter | 1 cm = 10 mm |
| cm = Zentimeter | 1 dm = 10 cm |
| dm = Dezimeter | 1 m = 10 dm |
| m = Meter | 1 m = 100 cm |
| km = Kilometer | 1 km = 1000 m |

**Beispiel:**
5 km 250 m =
5,250 km = 5 250 m

## Gewichte (Einheiten)

| | |
|---|---|
| g = Gramm | 1 g = 0,001 kg |
| kg = Kilogramm | 1 kg = 1000 g |
| t = Tonnen | 1 t = 1000 kg |

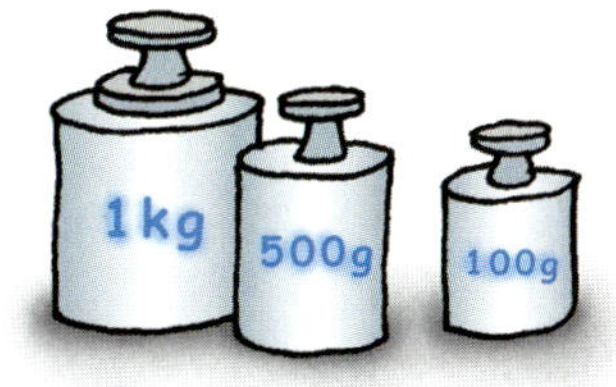


**Beispiel:**
6 kg 400 g =
6,400 kg = 6 400 g

## Zeit (Einheiten)

| | |
|---|---|
| s = Sekunden | 1 min = 60 s |
| min = Minuten | 1 h = 60 min |
| h = Stunde | 1 Tag = 24 h |

**Beispiel:**
1 h 35 min = 95 min

## Geld (Einheiten)

| | |
|---|---|
| ct = Cent | 1 ct = 0,01 Euro |
| € = Euro | 1 € = 100 ct |

**Beispiel:**
1 € 20 ct =
1,20 € = 120 ct

## Rauminhalt (Einheiten)

| | |
|---|---|
| ml = Milliliter | 1 ml = 0,001 l |
| l = Liter | 1 l = 1000 ml |

**Beispiel:**
1 l 480 ml =
1,480 l = 1 480 ml

# In der Werkstatt

**mm/cm/dm**

Stefan ist bei seinem Vater in der Werkstatt.
Sie wollen zusammen ein Vogelhaus bauen.

**1** Der Boden des Vogelhauses soll 35 cm lang werden.
Leider ist das Holzstück nur 25 cm lang.
Wie viele mm fehlen?

Frage: *Wie viele mm fehlen?*

Zeichnung:

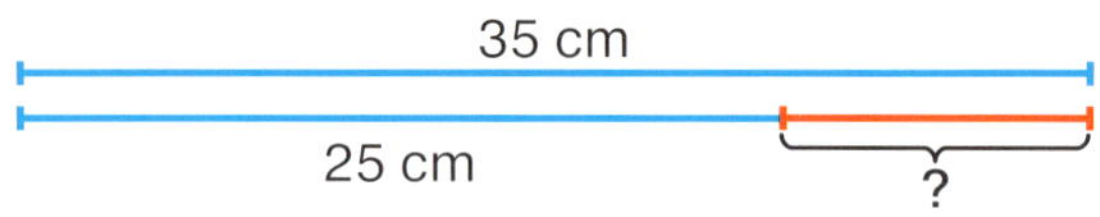


Rechnung: *35 cm – 25 cm =* 10 cm

*=* 100 mm

Antwort: *Es fehlen* 100 mm .

**Regel:**

**1 cm (Zentimeter) = 10 mm (Millimeter)**
**1 dm (Dezimeter) = 10 cm (Zentimeter)**
**1 dm (Dezimeter) = 100 mm (Millimeter)**

**2** Stefan sägt aus einem 8 dm langen Holzbrett 3 gleich lange Stücke. Jedes dieser Bretter soll 25 cm lang werden. Wie viele cm bleiben übrig?

Frage: ______________________________

______________________________

Rechnung: ______________________________

______________________________

Antwort: ______________________________

______________________________

Wie viele cm bleiben übrig?

25 cm • 3 = 75 cm
8 dm = 80 cm
80 cm – 75 cm = 5 cm

Es bleiben 5 cm übrig.

**3** Stefan schlägt einen 5 cm langen Nagel in ein 2 cm dickes Brett.
Wie viele mm schauen von dem Nagel heraus?

Frage: ______________________________

______________________________

Rechnung: ______________________________

______________________________

Antwort: ______________________________

______________________________

Wie viele mm schauen von dem Nagel heraus?

5 cm – 2 cm = 3 cm
3 cm = 30 mm

Es schauen 30 mm von dem Nagel heraus.

**4** Der Vater hat 4 Leisten gesägt. Jede ist 15 cm lang.
Wie lang sind die Leisten insgesamt?
Rechne das Ergebnis in dm um.

Frage: ______________________________

______________________________

Rechnung: ______________________________

______________________________

Antwort: ______________________________

______________________________

Wie lang sind die 4 Leisten insgesamt?

15 cm • 4 = 60 cm
60 cm = 6 dm

Die 4 Leisten sind 6 dm lang.

# Der Drachen

**cm/m**

Anja und ihre Freunde bauen einen Drachen und lassen ihn steigen.

**1** Die Freunde bauen sich einen Drachen aus einer 85 cm langen und einer 26 cm kürzeren Holzleiste. Wie lang ist die kürzere Leiste? Rechne das Ergebnis in m um.

Frage: *Wie lang ist die kürzere Leiste?*

Zeichnung: 85 cm; 26 cm; ?

Rechnung: *85 cm – 26 cm =* 59 cm

*=* 0,59 m

Antwort: *Die kürzere Leiste ist* 0,59 m *lang.*

**Regel:**

**1 m (Meter) = 100 cm (Zentimeter)**

**2** Für den Schwanz des Drachens schneidet Tina 5 Papierstreifen, die 18 cm lang sind.
Wie lang sind die Papierstreifen insgesamt?

Frage: ..................................................

Rechnung: ..................................................

Antwort: ..................................................

Wie lang sind die Papierstreifen insgesamt?

18 cm · 5 = 90 cm

Die Papierstreifen sind insgesamt 90 cm lang.

**3** In der Nähe steht ein 30 m hoher Turm.
Der Drachen fliegt 6 m höher.
Rechne aus, auf welcher Höhe er sich befindet.
Gib das Ergebnis auch in cm an.

Frage: ..................................................

Rechnung: ..................................................

Antwort: ..................................................

Auf welcher Höhe befindet er sich?

30 m + 6 m = 36 m = 3 600 cm

Er befindet sich auf 36 m Höhe. Das sind 3600 cm.

**4** Auf der Rolle sind 50 m Perlonschnur aufgewickelt.
Der Drachen fliegt so hoch, dass 28,50 m Schnur abgewickelt sind.
Wie viele cm Schnur sind noch auf der Rolle?

Frage: ..................................................

Rechnung: ..................................................

Antwort: ..................................................

Wie viele cm Schnur sind noch auf der Rolle?

50,00 m – 28,50 m = 21,50 m
21,50 m = 2 150 cm

Es sind noch 2 150 cm Schnur auf der Rolle.

# Nach den Ferien

**m/km**

Heute ist großes Treffen bei Anja.
Die Freunde erzählen von ihren Ferienerlebnissen.

**1** Anja war mit ihren Eltern bei den Großeltern. Bei der Abfahrt zeigte der Kilometerzähler 485 km an. Als sie ankamen, war er auf 715 km. Rechne aus, wie viele km sie bis zu den Großeltern gefahren sind.

Frage: *Wie viele km sind sie bis zu den Großeltern gefahren?*

Zeichnung: 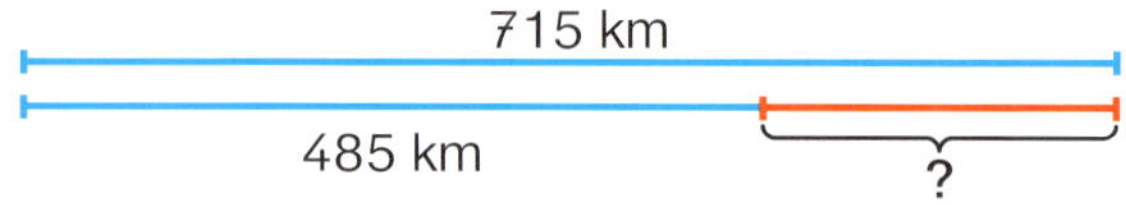


Rechnung: *715 km – 485 km =* 250 km

Antwort: *Sie sind* 250 *km bis zu den Großeltern gefahren.*

**Regel:**

**1 km (Kilometer) = 1000 m (Meter)**

**2** Stefan hat mit seinem Vater eine Radtour gemacht. Am ersten Tag sind sie 56 km, am zweiten Tag 85 km gefahren. Wie weit sind sie am dritten Tag gefahren, wenn sie insgesamt 200 km zurückgelegt haben? Rechne das Ergebnis in m um.

Frage: ______________________________

______________________________

Rechnung: ______________________________

______________________________

Antwort: ______________________________

______________________________

Wie weit sind sie am dritten Tag gefahren?

56 km + 85 km = 141 km
200 km – 141 km = 59 km
59 km = 59 000 m

Am dritten Tag sind sie 59 000 m gefahren.

**3** Jan war in Athen. Die Strecke München – Athen beträgt 1200 km. Das Flugzeug macht einen Zwischenstopp in Rom. Dadurch verlängert sich die Strecke um 400 km. Rechne die Gesamtstrecke München – Rom – Athen aus.

Frage: ______________________________

Rechnung: ______________________________

Antwort: ______________________________

Wie lang ist die Gesamtstrecke?

1200 km + 400 km = 1 600 km

Die Gesamtstrecke ist 1 600 km.

**4** Tina ist mit ihren Eltern am Samstag 15 km und am Sonntag 10,5 km gewandert. Rechne aus, um wie viel die zweite Wanderung kürzer war.

Frage: ______________________________

______________________________

Rechnung: ______________________________

Antwort: ______________________________

______________________________

Um wie viel war die zweite Wanderung kürzer?

15 km – 10,5 km = 4,5 km

Die zweite Wanderung war um 4,5 km kürzer.

# Die Gartenparty

**ml/l**

Anja hat ihre Freunde zu einer Gartenparty eingeladen. Sie bereitet verschiedene Mixgetränke vor.

**1** Anja füllt 200 ml Orangensaft in einen Krug, gibt 130 ml Bananensaft und 250 ml Maracujasaft dazu. Zuletzt fügt sie 100 ml Zitronensaft hinzu. Rechne aus, wie viele ml Flüssigkeit alles zusammen ergibt.

Frage: *Wie viele ml Flüssigkeit ergibt alles zusammen?*

Zeichnung: 200 ml | 130 ml | 250 ml | 100 ml — ?

Rechnung: *200 ml + 130 ml + 250 ml + 100 ml =* 680 ml

Antwort: *Alles zusammen ergibt* 680 *ml.*

**Regel:**

**Kleine Einheiten werden in Milliliter gemessen.**
**1 l (Liter) = 1 000 ml (Milliliter)**

**2** Tina mixt ihr Lieblingsgetränk. Dazu braucht man pro Glas 1 Banane und $\frac{1}{4}$ l (250 ml) Milch. Wie viel Milch braucht Tina, wenn alle 4 Freunde ein Glas bekommen sollen? Rechne in l um.

Frage: ______________________________

Rechnung: ______________________________

Antwort: ______________________________

Wie viel Milch braucht Tina?

250 ml · 4 = 1000 ml = 1 l

Tina braucht 1 l Milch.

**3** Tinas Mutter trinkt am liebsten Apfelsaftschorle. Tina hat 5 l Apfelsaftschorle gemacht. Die besteht zu einer Hälfte aus Wasser und zur anderen Hälfte aus Apfelsaft. Rechne aus, wie viel Apfelsaft und wie viel Wasser Tina verwendet hat.

Frage: ______________________________

______________________________

Rechnung: ______________________________

Antwort: ______________________________

______________________________

Wie viel Wasser und wie viel Apfelsaft hat Tina verwendet?

5 l : 2 = 2,5 l

Tina hat 2,5 l Apfelsaft und 2,5 l Wasser verwendet.

**4** Anja gießt einen $\frac{3}{4}$ l (750 ml) Saft in einen Krug, in den 2 l hineinpassen. Wie viele ml muss sie noch zugeben, damit der Krug voll wird?

Frage: ______________________________

______________________________

Rechnung: ______________________________

______________________________

Antwort: ______________________________

______________________________

Wie viele ml muss sie noch zugeben?

2 l = 2000 ml

2000 ml – 750 ml = 1250 ml

Anja muss noch 1250 ml zugeben.

# Im Getränkemarkt

**ml/l**

Stefan und Tina kaufen mit ihrem Vater Getränke für die nächste Woche ein.

**1** Stefan nimmt einen Kasten Mineralwasser aus dem Regal. Im Kasten sind 12 Flaschen zu je 750 ml. Wie viele l Wasser kauft er?

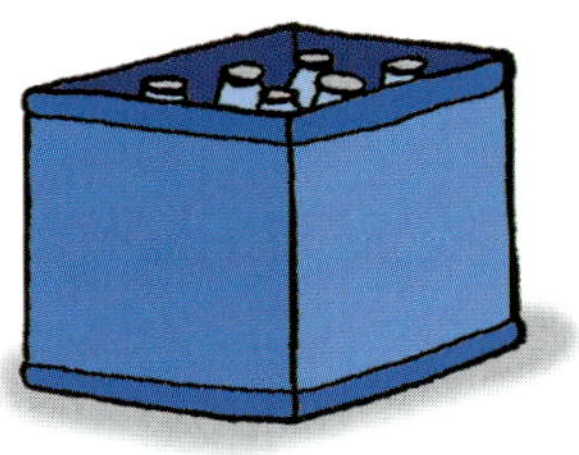

Frage: *Wie viele l Wasser kauft er?*

Zeichnung: 750 ml | 750 ml | 750 ml | 750 ml | 750 ml | 750 ml | 750 ml | 750 ml | 750 ml | 750 ml | 750 ml | 750 ml — ?

Rechnung: *12 · 750 ml =* 9000 ml

*=* 9 l

Antwort: *Er kauft* 9 *l Wasser.*

**2** Wie viele ml und l sind es?

$2, 4, 3\frac{1}{2}, \frac{1}{2}$

1000, 250, 5000, 500

| l | 1 | $\frac{1}{4}$ | 5 | $\frac{1}{2}$ | | | | |
|---|---|---|---|---|---|---|---|---|
| ml | | | | | 2000 | 4000 | 3500 | 500 |

**3** Tina kauft 5 Flaschen Apfelsaft zu je $\frac{1}{2}$ l und
3 Flaschen Orangensaft zu je $1\frac{1}{2}$ l.
Rechne aus, wie viele l es zusammen sind.

Frage: ______________________________

______________________________

Rechnung: ______________________________

______________________________

______________________________

Antwort: ______________________________

______________________________

Wie viele l sind es zusammen?

$5 \cdot \frac{1}{2}$ l $= 2\frac{1}{2}$ l

$3 \cdot 1\frac{1}{2}$ l $= 4\frac{1}{2}$ l

$2\frac{1}{2}$ l $+ 4\frac{1}{2}$ l $= 7$ l

Es sind zusammen 7 l.

**4** In den Flaschen sind 750 ml Ananas-Saft abgefüllt.
Der Vater kauft 5 Flaschen davon.
Wie viel Saft hat er gekauft? Rechne in l um.

Frage: ______________________________

______________________________

Rechnung: ______________________________

______________________________

Antwort: ______________________________

______________________________

Wie viele l Saft hat er gekauft?

750 ml $\cdot$ 5 = 3 750 ml
3 750 ml = 3,750 l

Er hat 3,750 l Saft gekauft.

**5** In dem Kasten Zitronenlimonade sind 15 Liter.
In jeder Flasche sind 1,5 l.
Rechne aus, wie viele Flaschen in dem Kasten sind.

Frage: ______________________________

______________________________

Rechnung: ______________________________

Antwort: ______________________________

______________________________

Wie viele Flaschen sind in dem Kasten?

15 l : 1,5 l = 10

10 Flaschen sind in dem Kasten.

# Bei den Pferden

**g/kg**

Herr Haller, Tinas Nachbar, hat mehrere Pferde.
Tina hilft ihm gern bei der Pflege.

**1** Ein Pferdestall muss ausgebessert werden. Dafür braucht Herr Haller 2 Sack Zement (1 Sack wiegt 50 kg) und Kies. Alles zusammen wiegt 400 kg. Wie viele kg Kies hat Herr Haller bestellt? Rechne das Ergebnis in g um.

Frage: *Wie viele kg Kies hat Herr Haller bestellt?*

Zeichnung:

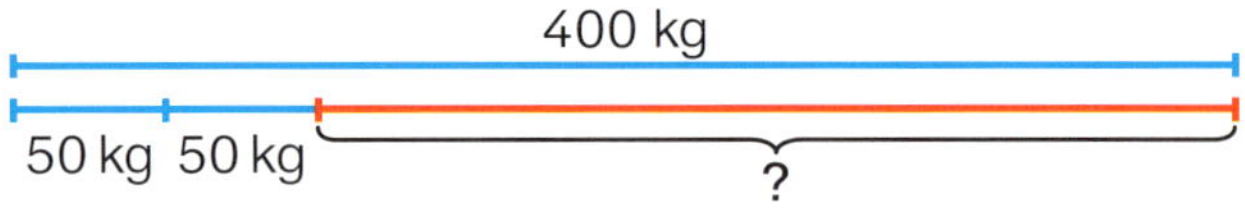


Rechnung: *2 · 50 kg =* 100 kg

*400 kg –* 100 kg *=* 300 kg

*300 kg =* 300 000 g

Antwort: *Herr Haller hat* 300 kg *Kies bestellt.*

**Regel:**

**1 000 g (Gramm) = 1 kg (Kilogramm)**

**2** Tina füttert die Pferde jeden Tag mit 4 kg Hafer, 5 kg Heu und 2 kg Möhren.
Wie viele kg Futter sind es in einer Woche?
Rechne das Ergebnis in g um.

Frage: ______________________________

Rechnung: ______________________________

Antwort: ______________________________

Wie viele kg Futter sind es in einer Woche?

4 kg + 5 kg + 2 kg = 11 kg
11 kg · 7 = 77 kg
77 kg = 77 000 g

Es sind in einer Woche 77 kg = 77 000 g Futter.

**3** Jedes der 7 Pferde bekommt pro Tag 2 kg Möhren.
Wie viele kg Möhren muss der Bauer für einen Monat einkaufen? (Jeder Monat hat im Schnitt 30 Tage.)

Frage: ______________________________

Rechnung: ______________________________

Antwort: ______________________________

Wie viele kg Möhren muss der Bauer für einen Monat kaufen?

7 · 2 kg = 14 kg
14 kg · 30 = 420 kg

Er muss für einen Monat 420 kg Möhren kaufen.

**4** Herr Haller hat 100 Ballen Stroh und 85 Ballen Heu bestellt. Ein Ballen wiegt 18 kg.
Wie viel wiegen alle Ballen?

Frage: ______________________________

Rechnung: ______________________________

Antwort: ______________________________

Wie viel wiegen alle Ballen?

100 + 85 = 185
185 · 18 kg = 3 330 kg

3 330 kg wiegen alle Ballen.

# Beim Einkaufen

**g/kg**

Anja geht mit ihrer Freundin in den kleinen Laden um die Ecke.

**1** Anja kauft 5 Würstchen. Sie wiegen zusammen 600 g. Wie viel wiegt 1 Würstchen?

**Tipp:**

**So errechnest du die Einzelmenge:**
**Beispiel:**

| Stück | Gewicht |
|---|---|
| 3 | 900 g |
| : 3 | : 3 |
| 1 | 300 g |

Frage: *Wie viel wiegt 1 Würstchen?*

Zeichnung:

| | |
|---|---|
| *5* | *600 g* |
| *: 5* | *: 5* |
| *1* | |

Rechnung: *600 g : 5 =*

Antwort: *1 Würstchen wiegt* *g.*

**2** Anja soll 500 g Schweizer Käse mitbringen.
1 Scheibe Käse wiegt 50 g.
Wie viele Scheiben Käse bekommt sie?

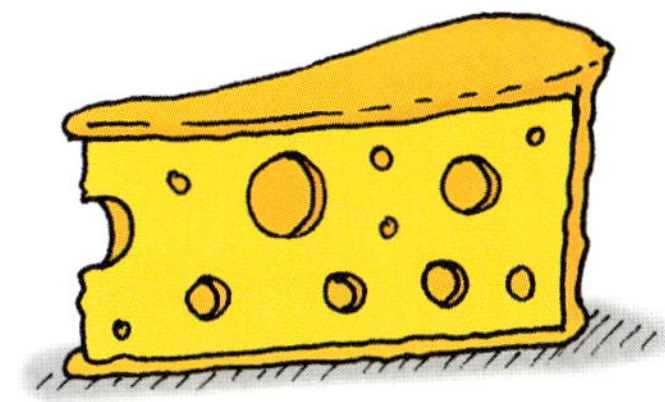

Frage: ______________________________

______________________________

Rechnung: ______________________________

Antwort: ______________________________

______________________________

Wie viele Scheiben Käse bekommt sie?

500 g : 50 g = 10

Sie bekommt 10 Scheiben Käse.

**3** Anja soll 500 g Spinat einkaufen. Doch der Verkäufer hat nur noch 375 g. Für die fehlende Menge kauft sie Erbsen. Wie viel g Erbsen kauft sie noch?

Frage: ______________________________

______________________________

Rechnung: ______________________________

Antwort: ______________________________

______________________________

Wie viel g Erbsen kauft sie noch?

500 g – 375 g = 125 g

Sie kauft noch 125 g Erbsen.

**4** Anja fragt sich, wie viel Zucker in 500 g Schokolade steckt. Der Verkäufer sagt ihr, dass in 100 g Schokolade 25 g Zucker enthalten sind.
Rechne aus, wie viel g Zucker in 500 g Schokolade enthalten sind.

Frage: ______________________________

______________________________

Rechnung: ______________________________

______________________________

Antwort: ______________________________

______________________________

Wie viel g Zucker sind in 500 g Schokolade enthalten?

100 g · 5 = 500 g
25 g · 5 = 125 g

In 500 g Schokolade sind 125 g Zucker enthalten.

# In der Kiesgrube

**kg/t**

Anja ist mit ihrem Vater in der Kiesgrube.
Sie wollen Kies für ihren Garten abholen.

**1** Insgesamt brauchen sie 1 t Kies.
Wie oft müssen sie zum Kieswerk fahren, wenn sie pro Fahrt 250 kg Kies transportieren können?

Frage: *Wie oft müssen sie zum Kieswerk fahren?*

Zeichnung:

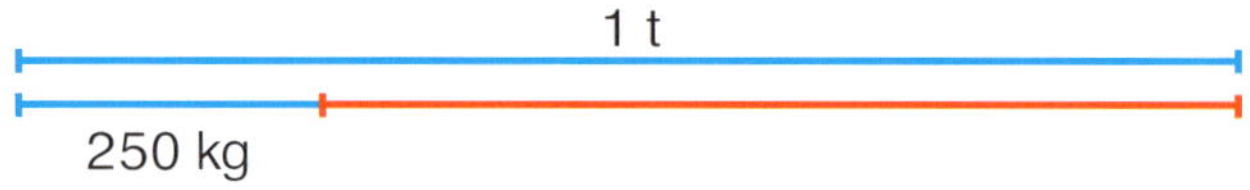


Rechnung: *1 t = 1000 kg*

*1000 kg : 250 kg =* 4

Antwort: *Sie müssen* 4-mal *zum Kieswerk fahren.*

**Regel:**

**Ganz schwere Gewichte werden in Tonnen gewogen.**
**1 t (Tonne) = 1 000 kg (Kilogramm)**

**2** Ein Lastwagen will über eine Brücke fahren,
die 5 t Gewicht zulässt.
Sein Eigengewicht beträgt 3,7 t.
Wie viele kg Sand darf der LKW noch laden?

Frage: ______________________________

______________________________

Rechnung: ______________________________

Antwort: ______________________________

______________________________

Wie viele kg Sand darf der LKW noch laden?

5 t – 3,7 t = 1,3 t
1,3 t = 1 300 kg

Der LKW darf noch 1 300 kg Sand laden.

**3** Auf einem Transporter sind 2,2 t Kies.
Unterwegs werden 1800 kg abgeladen. Rechne aus,
wie viele kg seine Ladung jetzt noch wiegt.

Frage: ______________________________

______________________________

Rechnung: ______________________________

Antwort: ______________________________

______________________________

Wie viele kg wiegt seine Ladung jetzt noch?

2,2 t = 2 200 kg
2 200 kg – 1 800 kg = 400 kg

Seine Ladung wiegt jetzt noch 400 kg.

**4** Ein Lastwagen wiegt leer 12 t.
Jetzt wird er mit 240 kg Sand und 480 kg Kies
beladen. Der Fahrer wiegt 80 kg.
Wie viel wiegt der LKW insgesamt? Rechne in kg.

Frage: ______________________________

______________________________

Rechnung: ______________________________

______________________________

Antwort: ______________________________

______________________________

Wie viel wiegt der LKW insgesamt?

12 t = 12 000 kg
12 000 kg + 240 kg + 480 kg + 80 kg = 12 800 kg

Der LKW wiegt insgesamt 12 800 kg.

# Das Sportfest

**s/min**

Heute ist ein Sportfest in der Schule.

**1** Tina und Anja laufen die 50-m-Strecke.
Tinas Zeit ist 9,7 s. Anja kommt 1,5 s später an.
Wie lange braucht Anja?

Frage: *Wie lange braucht Anja?*

Zeichnung:

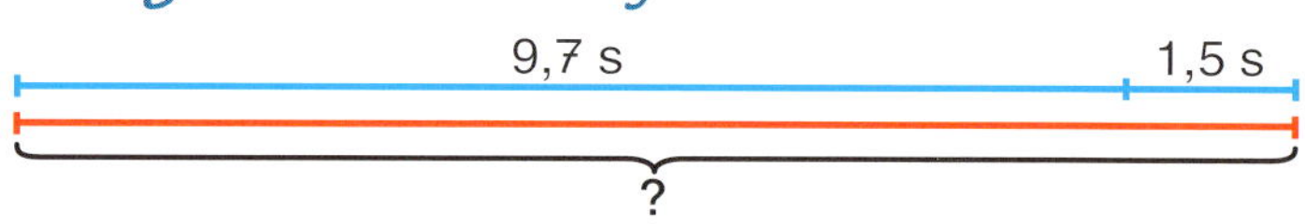


Rechnung: *9,7 s + 1,5 s =*

Antwort: *Anja braucht* .

**Regel:**

**1 min (Minute) = 60 s (Sekunden)**

**2** Wie viele s sind es?

$\frac{1}{4}$ min = ______ $\frac{1}{2}$ min = ______

$\frac{3}{4}$ min = ______ $1\frac{1}{2}$ min = ______

**3** Stefan läuft bei dem 100-m-Wettkampf mit.
Er ist nach 14,2 s im Ziel.
Tobi braucht 14,5 s und Frank 15,1 s.
Wie viele s ist Stefan schneller als Tobi und Frank?

Frage: ______________________________

______________________________

Rechnung: ______________________________

______________________________

Antwort: ______________________________

______________________________

Wie viele s ist Stefan schneller als Tobi und Frank?

Tobi: 14,5 s – 14,2 s = 0,3 s
Frank: 15,1 s – 14,2 s = 0,9 s

Stefan ist 0,3 s schneller als Tobi und 0,9 s schneller als Frank.

**4** Jetzt kommt der Staffellauf mit 4 · 200 m.
Jan braucht 30 s. Die anderen laufen 32 s, 35 s und 38 s. Wie viele min und s brauchen die 4 Jungen insgesamt?

Frage: ______________________________

______________________________

Rechnung: ______________________________

______________________________

Antwort: ______________________________

______________________________

Wie viele min und s brauchen die 4 Jungen insgesamt?

30 s + 32 s + 35 s + 38 s = 135 s
135 s = 2 min 15 s

Die 4 Jungen brauchen insgesamt 2 min 15 s.

**5** Stefan läuft 1000 m. Seine Zwischenzeit nach 500 m beträgt 2 min und 3 s. Wann ist Stefan am Ziel, wenn er dieses Tempo bis zum Ende durchhalten kann?

Frage: ______________________________

Rechnung: ______________________________

______________________________

Antwort: ______________________________

Wann ist Stefan am Ziel?

500 m ist die Hälfte von 1000 m.
2 min 3 s · 2 = 4 min 6 s

Stefan ist nach 4 min 6 s am Ziel.

# Auf dem Flughafen

**min/h/Tag**

Stefan möchte unbedingt Pilot werden.
Am liebsten schaut er sich die vielen Flugzeuge auf dem Flughafen an.

**1** Es ist Montag, 16.00 Uhr. Stefan kauft mit seinem Vater Flugtickets nach London. Das Flugzeug startet am Donnerstag um 18.00 Uhr. Wie viele Tage und Stunden dauert es noch bis zum Abflug?

Frage: *Wie viele Tage und Stunden dauert es noch bis zum Abflug?*

Zeichnung:

| Mo | Di | Mi | Do | Do |
|---|---|---|---|---|
| 16.00 Uhr | 16.00 Uhr | 16.00 Uhr | 16.00 Uhr | 18.00 Uhr |

1 Tag → 1 Tag → 1 Tag → 2 h

Rechnung: *Montag (16.00 Uhr) bis Donnerstag (18.00 Uhr) = 3 Tage und 2 h*

*3 · 24 h =* [illegible] *72 h + 2 h =* [illegible]

Antwort: *Es sind noch 3 Tage + 2 h =* [illegible].

**Regel:**

**1 h (Stunde) = 60 min (Minuten)**
**1 Tag = 24 h**

**2** Stefan und sein Vater fahren um 16.25 Uhr am Flughafen wieder ab.
Für den Rückweg brauchen sie 2 h 30 min, weil sie in einen Stau geraten.
Wann kommen sie zu Hause an?

**Tipp:**

**So kannst du den Zeitpunkt berechnen:**

16.25 Uhr —— + 2 h 30 min ——→ Zeitpunkt?

+ 2 h ——→ 18.25 Uhr —— + 30 min

Rechnung: ……………………………………

Antwort: ……………………………………

16.25 Uhr + 2 h 30 min =
18.55 Uhr

Sie kommen um 18.55 Uhr zu Hause an.

**3** Letzten Sommer war Stefan mit seinen Eltern auf Kreta. Sie sind um 10.40 Uhr abgeflogen und waren um 15.10 Uhr auf der Insel.
Wie lange waren sie unterwegs?

**Tipp:**

**So kannst du die Zeitdauer berechnen:**

10.40 Uhr —— Zeitdauer? ——→ 15.10 Uhr

+ 4 h 20 min ——→ 15.00 Uhr —— + 10 min

Rechnung: ……………………………………

Antwort: ……………………………………

4 h 20 min + 10 min = 4 h 30 min

Sie waren 4 h 30 min unterwegs.

# Zugvögel

**Woche/Monat/Jahr**

Stefan hat schon viel über Zugvögel gelesen. Er beobachtet sie, wenn sie aus den warmen Ländern zurückkommen.

**1** Die Kohlmeise hat ihre Eier im Nistkasten gelegt. Nach 21 Tagen schlüpfen die Küken aus. Wie viele Wochen brüten die Kohlmeisen? Rechne das Ergebnis auch in Stunden um.

Frage: *Wie viele Wochen brüten die Kohlmeisen?*

Zeichnung:

1 2 3 4 5 6 7 8 9 10 11 12 13 14 15 16 17 18 19 20 21 Tage

1 Woche + 1 Woche + 1 Woche

Rechnung: *21 Tage =* 3 *Wochen;*

*21 Tage · 24 h =* 504 h

Antwort: *Die Kohlmeisen brüten* 3 Wochen = 504 h.

**Regel:**

**1 Woche = 7 Tage**
**1 Jahr = 12 Monate**

**2** Die Schwalben haben Anfang Mai angefangen zu brüten. 2 Wochen und 4 Tage später schlüpfen die ersten Küken.
Wie viele Tage dauert die Brutzeit?

Frage: ______________________________

Rechnung: ______________________________

Antwort: ______________________________

Wie viele Tage dauert die Brutzeit?

2 Wochen + 4 Tage = 18 Tage

Die Brutzeit dauert 18 Tage.

**3** Im März hat Stefan die ersten Stare beobachtet. Ein halbes Jahr später sind sie wieder nach Afrika zurückgekehrt.
In welchem Monat sind sie zurückgeflogen?

Frage: ______________________________

______________________________

Rechnung: ______________________________

______________________________

Antwort: ______________________________

______________________________

In welchem Monat sind sie zurückgeflogen?

$\frac{1}{2}$ Jahr = 6 Monate:
März + 6 Monate = September

Sie sind im September zurückgeflogen.

**4** In Stefans Dorf nistet ein 7-jähriger Storch. Er ist immer die Hälfte eines Jahres in Afrika. Wie viele Monate hat er insgesamt im Süden verbracht?

Frage: ______________________________

______________________________

Rechnung: ______________________________

______________________________

Antwort: ______________________________

______________________________

Wie viele Monate hat er insgesamt im Süden verbracht?

Ein halbes Jahr = 6 Monate

6 Monate · 7 = 42 Monate

Insgesamt hat er 42 Monate im Süden verbracht.

# In der Stadt

**ct/€**

Heute machen Stefan, Tina und ihre Mutter einen Einkaufsbummel in der Stadt.

**1** Jedes der Kinder bekommt eine Jeans für 40 €.
Tina darf sich noch einen dunkelblauen Rock kaufen.
Alles zusammen kostet 105,50 €.
Rechne aus, wie viel der Rock kostet.

Frage: *Wie viel kostet der Rock?*

Zeichnung:

Rechnung: *2 · 40 € =* 80 €

*105,50 € –* 80 €

*=* 25,50 €

Antwort: *Der Rock kostet* 25,50 €.

**Regel:**

**1 € (Euro) = 100 ct (Cent)**

**2** In der Zooabteilung kauft Tina Goldhamsterfutter für 2,60 €, 1 Tüte Hundekekse für 2,20 € und 1 Dose Katzenfutter. Sie bezahlt 6,05 €.

a) Wie viel hat das Katzenfutter gekostet?

Frage: ______________________________

______________________________

Rechnung: ______________________________

______________________________

Antwort: ______________________________

______________________________

Wie viel hat das Katzenfutter gekostet?

6,05 € – 2,60 € – 2,20 € = 1,25 €

Das Katzenfutter hat 1,25 € gekostet.

b) Wie viel Geld bekommt sie zurück, wenn sie mit einem 10-Euro-Schein bezahlt?

Frage: ______________________________

______________________________

Rechnung: ______________________________

Antwort: ______________________________

______________________________

Wie viel Geld bekommt sie zurück?

10,00 € – 6,05 € = 3,95 €

Sie bekommt 3,95 € zurück.

**3** Mutter kauft 4 m Stoff für eine Jacke. 1 m kostet 6,– €. Der Reißverschluss kostet 5,50 € und das Nähgarn 2,30 €. Rechne aus, wie viel alles zusammen kostet.

Frage: ______________________________

Rechnung: ______________________________

______________________________

Antwort: ______________________________

______________________________

Wie viel kostet alles zusammen?

4 • 6 € = 24 €

24,00 € + 5,50 € + 2,30 € = 31,80 €

Alles zusammen kostet 31,80 €.

# Auf dem Flohmarkt

**ct/€**

Am Samstag ist Flohmarkt.
Jan und seine Freunde verkaufen altes Spielzeug und zu klein gewordene Kleidungsstücke.

**1** Eine Frau sucht für ihren Sohn einen blauen Pullover aus. Er kostet 3,40 €. Außerdem kauft sie noch ein Tierbuch für 1,50 €. Wie viel Geld bekommt sie zurück, wenn sie mit einem 20-Euro-Schein bezahlt?

Frage: *Wie viel Geld bekommt sie zurück?*

Zeichnung:

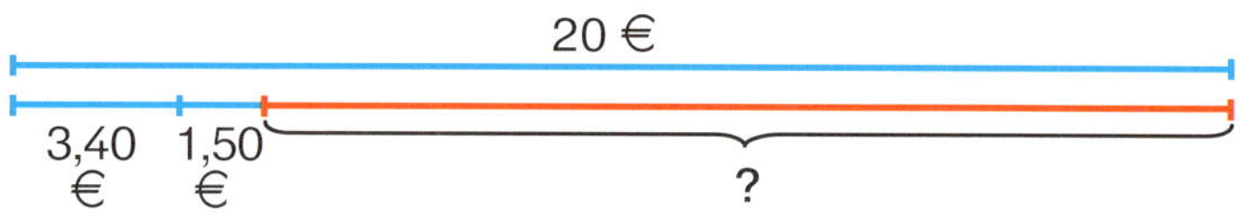


Rechnung: *3,40 € + 1,50 € =* [redacted]

*20 € –* [redacted] = [redacted]

Antwort: *Sie bekommt* [redacted] *zurück.*

**Tipp:**

**Seit dem 01.01.2002 bezahlt man mit Cent/Euro. Davor benutzte man die Währung Pf (Pfennig)/DM (Deutsche Mark). 1 DM ist ungefähr die Hälfte von 1 Euro wert.**
**1 DM = 100 Pf**

**2** Tina verkauft 2 Päckchen Legosteine für je 2,50 € und 2 Legofiguren zu jeweils 1,10 €. Wie viel Geld bekommt sie insgesamt?

Frage: ______________________________

______________________________

Rechnung: ______________________________

______________________________

Antwort: ______________________________

______________________________

Wie viel Geld bekommt sie insgesamt?

2,50 € · 2 = 5,00 €
1,10 € · 2 = 2,20 €
5,00 € + 2,20 € = 7,20 €

Sie bekommt insgesamt 7,20 €.

**3** Jan bietet 12 Spielzeugautos zu einem Stückpreis von 2 € an. Für alle 12 Autos verlangt er 18 €. Ein Junge kauft alle 12 Autos. Wie viel hat der Junge eingespart?

Frage: ______________________________

______________________________

Rechnung: ______________________________

______________________________

Antwort: ______________________________

______________________________

Wie viel hat der Junge eingespart?

12 · 2 € = 24 €
24 € − 18 € = 6 €

Der Junge hat 6 € eingespart.

**4** Die 4 Freunde haben 73 € eingenommen.
Sie teilen es gerecht auf.
Wie viel Geld bekommt jeder, wenn noch 5 € Standgebühr davon bezahlt werden müssen?

Frage: ______________________________

Rechnung: ______________________________

______________________________

Antwort: ______________________________

Wie viel Geld bekommt jeder?

73 € − 5 € = 68 €
68 € : 4 = 17 €

Jeder bekommt 17 €.

# Pfiffikus

Hier kannst du zeigen, dass du ein Pfiffikus bist.
Auf dieser Doppelseite kannst du den Stoff des Heftes noch einmal wiederholen.

**1** Für Anjas Geburtstagsfeier hat der Vater 3 Flaschen Orangensaft, 4 Flaschen Apfelsaft und 2 Flaschen Kirschsaft eingekauft. In jede Flasche passt 1 l.
Wie viele $\frac{1}{4}$ l-Gläser können gefüllt werden?

Frage: ______________________________

______________________________

Rechnung: ______________________________

______________________________

______________________________

Antwort: ______________________________

______________________________

Wie viele $\frac{1}{4}$ l-Gläser können gefüllt werden?

3 l + 4 l + 2 l = 9 l
1 l = 4 Gläser
9 l = 36 Gläser

36 Gläser können gefüllt werden.

**2** Tina durfte letztes Jahr mit ihrer Oma nach London fliegen.
Die Autofahrt zum Flughafen dauerte 25 min.
Bis zum Abflug hatten sie noch 1 h 10 min Zeit.
Der Flug dauerte 1 h 55 min. Wie lange waren sie unterwegs?

Frage: ______________________________

______________________________

Rechnung: ______________________________

______________________________

Antwort: ______________________________

______________________________

Wie lange waren sie unterwegs?

25 min + 1 h 10 min +
1 h 55 min = 3 h 30 min

Sie waren 3 h 30 min unterwegs.

**3** Jans Vater fährt mit dem Auto von Hannover nach Bremen in 1 h 15 min.
Er kommt dort um 15.00 Uhr an.
Wann ist er losgefahren?

Frage: ______________________________

Rechnung: ______________________________

Antwort: ______________________________

Wann ist er losgefahren?

15.00 Uhr – 1 h 15 min = 13.45 Uhr

Er ist um 13.45 losgefahren.

**Tipp:**

**Wenn du eine Aufgabe nicht lösen kannst, schau noch einmal vorne nach.**

**4** Tina fährt mit den Eltern in die Ferien.
Das Auto mit allen Insassen wiegt insgesamt 920 kg.
Die 3 Personen wiegen insgesamt 177 kg.
Wie viel wiegt das Auto?

Frage: ______________________________

Rechnung: ______________________________

Antwort: ______________________________

Wie viel wiegt das Auto?

920 kg – 177 kg = 743 kg

Das Auto wiegt 743 kg.

**5** Familie Löser fährt mit dem Zug von München nach Oberstdorf. Die Abfahrt ist um 14.45 Uhr.
Die Fahrt dauert 95 min.
Wann kommt die Familie in Oberstdorf an?

Frage: ______________________________

______________________________

Rechnung: ______________________________

Antwort: ______________________________

______________________________

Wann kommt Familie Löser in Oberstdorf an?

14.45 Uhr + 95 min = 16.20 Uhr

Die Familie kommt um 16.20 Uhr in Oberstdorf an.

Hier siehst du alle Bilder, die in den roten Dreiecken auf jeder Seite versteckt sind. Male das jeweilige Bild bunt an, wenn du mit einer Übungsseite fertig bist. So siehst du auch, wie fleißig du schon warst.

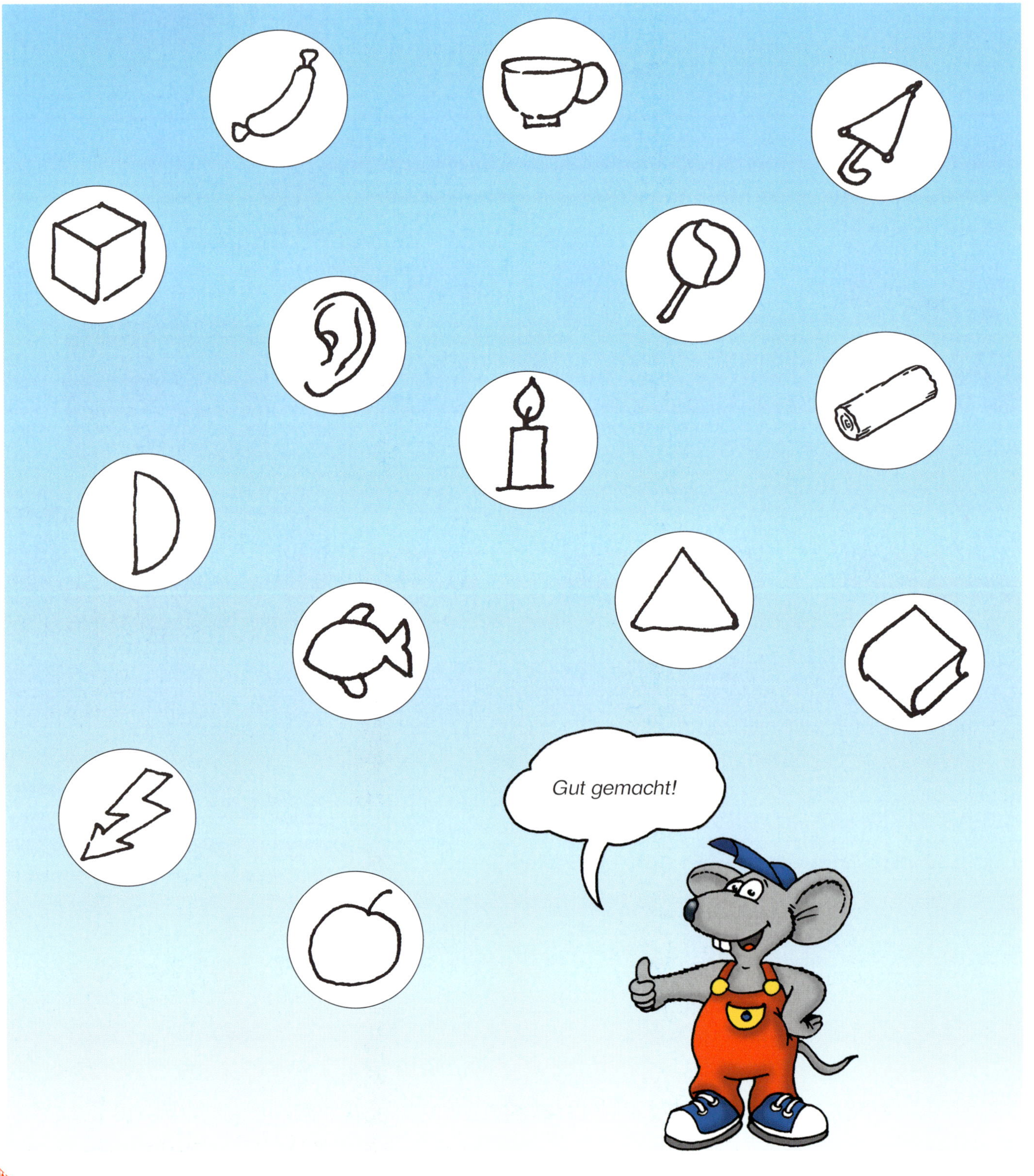